런런 숙스퍼드 수학

3권

20까지 수 세기

안녕!
난 피거야.

차례

 수 세기

 동그라미 하기

 선 잇기

 그리기

 쓰기

 손가락으로 따라 쓰기

 연필로 따라 쓰기

 놀이하기

 스티커 붙이기

 색칠하기

1~5 수 알기

 손가락으로 숫자를 따라 쓰세요.

빨간 점에 손가락을 대고, 화살표 방향으로 그어서 숫자를 써 봐.

 같은 수를 나타내는 것끼리 선으로 이으세요.

1

2

3

4

5

잘했어!

칭찬 스티커를 붙이세요.

2

문제를 다 푼 다음, 32쪽으로!

1~3 같은 수 찾기

 수가 같은 것끼리 선으로 이으세요.

 수가 같은 것끼리 선으로 이으세요.

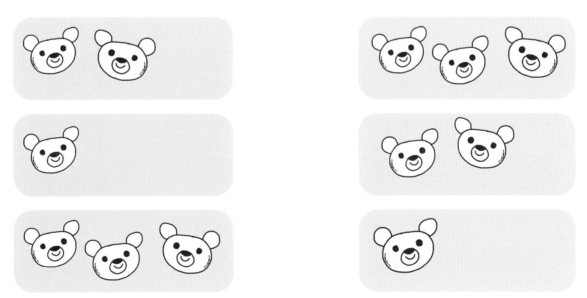

양쪽의 수가 같은 것을 모두 찾아 ◯표 하세요.

 빈칸에 같은 수만큼 풍선, 별, 바나나, 공을 그리세요.

 수가 다른 것을 찾아 ◯표 하세요.

수가 다른 것은 몇인지 말해 볼래?

1~3 한눈에 보고 세기

 동물의 수를 한눈에 보고 ⬚ 안에 쓰세요.

하나씩 가리키며 세지 않고, 한눈에 몇인지 세어 봐.

 빈칸에 알맞은 수의 거미와 무당벌레를 그리세요.

거미 **1**마리   거미 **2**마리   거미 **3**마리

무당벌레 **1**마리   무당벌레 **2**마리   무당벌레 **3**마리

 수 세기 놀이

자연 관찰 그림책을 펴고, 동물의 다리 수를 세어 보세요.
다리가 둘인 동물을 말해 보고, 다리가 넷인 동물을 말해 보세요.
다리가 넷보다 더 많은 동물도 찾아보세요.

칭찬 스티커를 붙이세요.

문제를 다 푼 다음, 32쪽으로!

1~5 같은 수 찾기

 같은 수의 블록끼리 선으로 이으세요.

블록이 모여 있는 모양으로 같은 수의 블록을 찾을 수 있어.

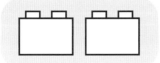

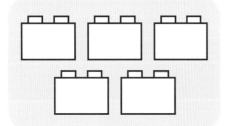

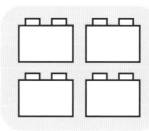

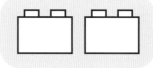

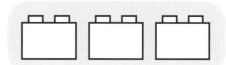

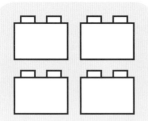

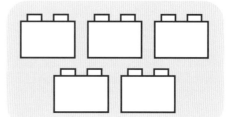

 수 세기 놀이

블록을 5개씩 모아서 준비해요. 5개의 블록을 위로 반듯하게 쌓아 보아요.
옆으로 길게 늘어놓아도 보아요. 쌓은 모양이 달라도 수는 똑같이 5개임을 확인해 보세요.

같은 수의 해바라기끼리 선으로 이으세요.

 같은 수의 화분끼리 선으로 이으세요.

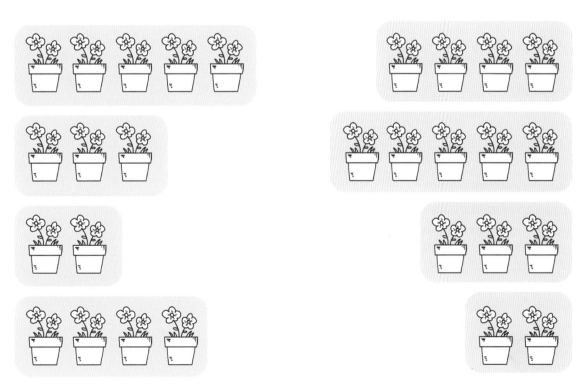

1~5 수의 순서 알기

 수의 순서에 맞도록 빈칸에 알맞은 수의 나비를 그리세요.

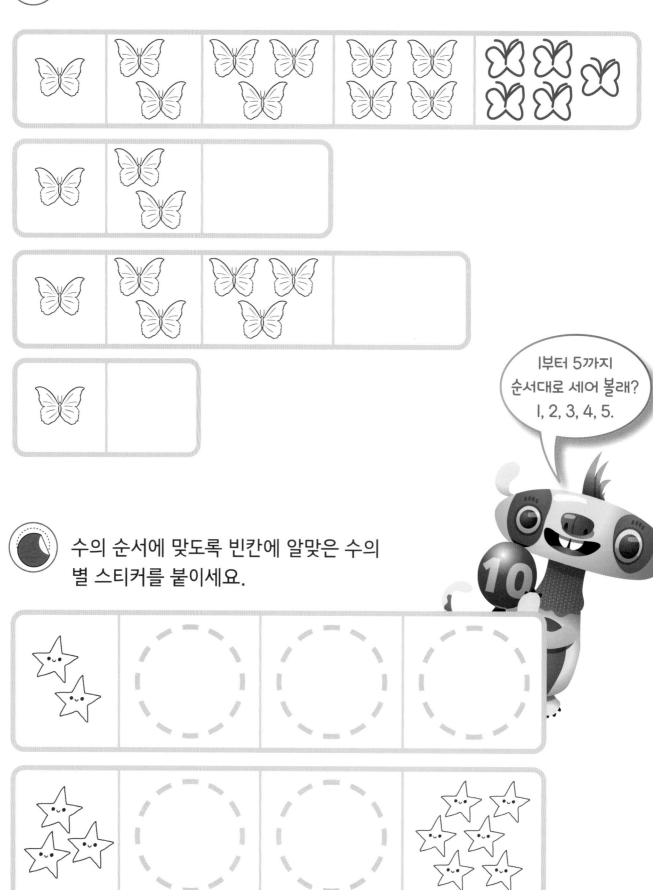

수의 순서에 맞도록 빈칸에 알맞은 수의
별 스티커를 붙이세요.

3~5 한눈에 보고 세기

하나씩 세지 말고,
한눈에 몇인지 세어 봐.

 동물의 수를 한눈에 보고 ▢ 안에 쓰세요.

그림을 그린 다음,
수를 세어 봐.

 각각 알맞은 수의 물고기, 딱정벌레, 뱀, 배를
그리세요.

개구리 **1**마리

물고기 **2**마리

딱정벌레 **3**마리

뱀 **4**마리

칭찬 스티커를
붙이세요.

배 **5**척

문제를 다 푼 다음, 32쪽으로!

6~10 수 알기

 손가락으로 숫자를 따라 써 보세요.

빨간 점에 손가락을 대고, 화살표 방향으로 그어서 숫자를 써 봐.

 I부터 I0까지 화살표 방향대로 숫자를 따라 쓰세요.

숫자를 보고, 같은 수를 나타내는 그림을 찾아 점선을 따라 그리세요.

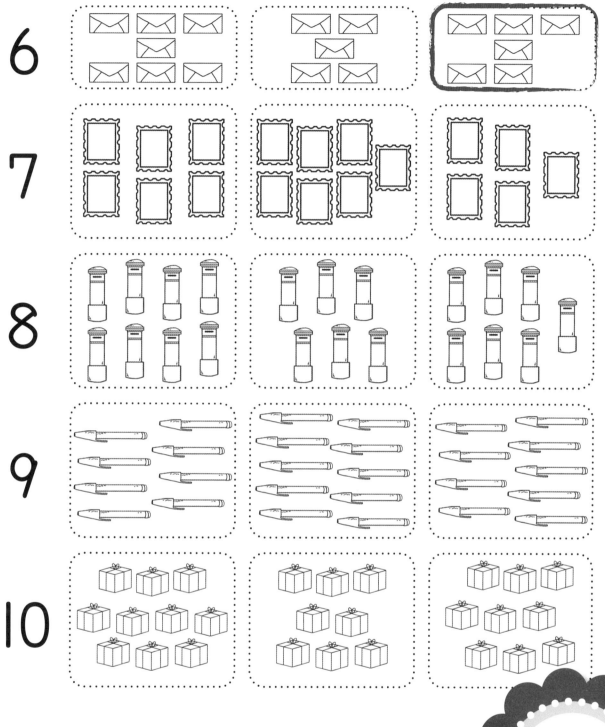

6

7

8

9

10

 숫자 쓰기 놀이

놀이터에 가서 숫자 쓰기 놀이를 해 보세요.
길쭉한 나뭇가지로 바닥에 숫자를 써 보는 거예요.
숫자를 아주 작게, 아주 크게도 써 보세요.
나뭇가지가 없다면 공중에 대고 손가락으로 숫자 쓰기 놀이를 해 보세요.

칭찬 스티커를 붙이세요.

문제를 다 푼 다음, 32쪽으로!

6~10 수 세기

빈칸에 빠진 수를 쓰세요.

6부터 10까지 순서대로 수를 세어 볼래?

6	7	8	9	10
6	7	8		10
6		8	9	10

연필꽂이에 쓰인 숫자를 보고, 같은 수만큼 볼펜을 그리세요.

수 세기 놀이

다섯 개의 접시에 6부터 10까지 숫자가 쓰인 색종이를 각각 붙인 다음, 그 수만큼 사탕이나,
구슬, 작은 장난감을 가져다 놓아요.
눈을 감고 다른 사람이 접시 중 하나에서 물건을 몇 개 빼기를 기다려요.
다시 눈을 뜬 다음, 접시에 쓰인 수와 물건의 수가 다른 것을 찾아보세요.

물건의 수를 세어 ▢ 안에 쓰세요.

물건의 수가 많으면 수를 셀 때 동그라미를 하거나 선을 그어 봐.

 같은 수의 숟가락끼리 선으로 이으세요.

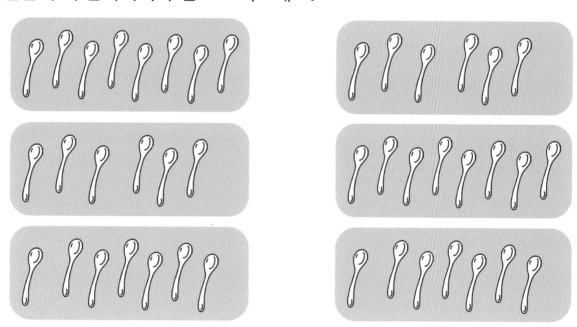

6~10 수의 순서 알기

 컵케이크가 수의 순서대로 있어요. 순서에 알맞게 ⬜ 안에 수를 쓰세요.

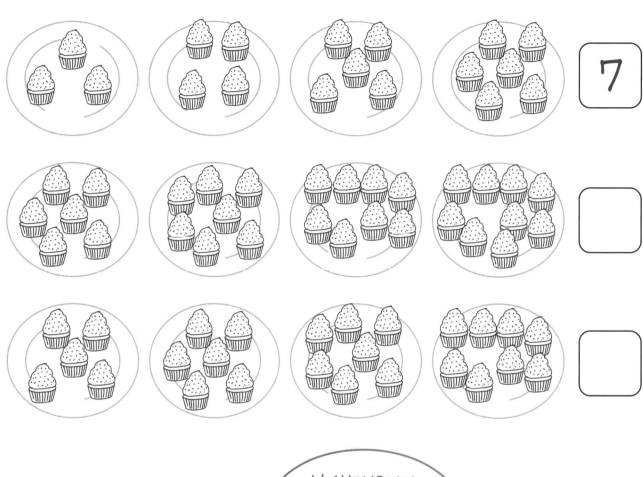

 수의 순서에 맞도록 빈칸에 알맞은 수의 컵케이크를 그리세요.

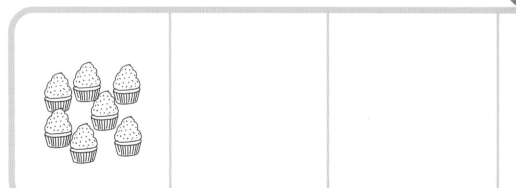

수의 순서에 맞도록 빈칸에
알맞은 수의 컵케이크 스티커를
붙이세요.

난 거꾸로 수 세기도 잘해.
10부터 거꾸로 세어 볼까?
10, 9, 8, 7, 6, 5, 4, 3, 2, 1.

 ## 수 세기 놀이

구슬, 사탕, 작은 장난감 등을 5개, 6개, 7개, 8개, 9개가 되도록 모아 놓아요.
그리고 각각 10개가 되려면 몇 개가 더 있어야 하는지 하나씩 더 놓으면서
이어 세기를 해 보세요. 구슬이 7개 있다면 이어 세기를 통해 구슬 3개가
더 있으면 10개가 된다는 것을 알 수 있어요.

칭찬 스티커를
붙이세요.

문제를 다 푼 다음, 32쪽으로!

동물의 수를 세어 ▢ 안에 쓰세요.

6~10 수 크기 비교하기

 컵케이크가 더 많은 접시에 ◯표 하세요.

 컵케이크가 더 적은 접시에 ◯표 하세요.

1~10 수의 순서 알기

 무당벌레 등에 있는 점의 수가 순서대로 있도록 빈칸에 알맞은
무당벌레를 그리세요.

  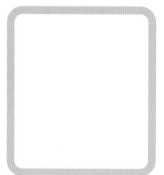 

 수 세기 놀이

놀이터에 갈 때 본 것들을 떠올려 보세요. 자전거, 나무, 벤치 등이 생각날
거예요. 다음에 놀이터에 갈 때는 그것들을 세어 보세요. 그리고 집에 와서
본 것들을 그림으로 그리고, 숫자를 써 보는 거예요. 놀이터에서 새롭게
마주치는 것들의 수를 세는 것은 무척 재미있는 경험이 될 거예요.

칭찬 스티커를
붙이세요.

문제를 다 푼 다음, 32쪽으로!

빈 곳에 빠진 수를 쓰세요.

 외계인 팔의 수를 세어 ☐ 안에 쓰세요.

외계인 팔의 수를
하나씩 세어 보기 전에
한눈에 보고 몇인지 말해 봐.
맞혔을까, 틀렸을까?

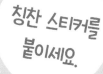
칭찬 스티커를
붙이세요.

 빠진 수 찾기 놀이

양손의 손가락에 차례대로 1부터 10까지 수가 쓰인 카드를 붙이세요.
손가락에 쓰인 숫자 카드 중 하나를 가린 다음, 가린 숫자가 무엇인지 맞히는
놀이를 해 보세요.

문제를 다 푼 다음, 32쪽으로!

11~15 수 알기

 손가락으로 숫자를 따라 쓰세요.

> 빨간 점에 손가락을 대고, 화살표 방향으로 그어서 숫자를 써 봐.

11

12

13

14

15

 11부터 15까지 화살표 방향대로 숫자를 따라 쓰세요.

11 12 13 14 15

숫자를 보고, 같은 수를 나타내는 그림을 찾아 점선을 따라 그리세요.

II
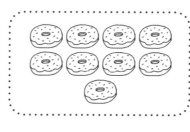 

I2
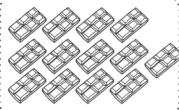 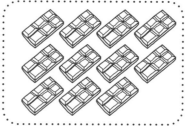 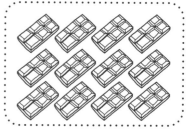

I3
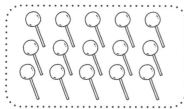 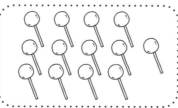 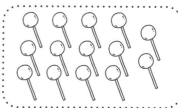

I4

I5

물건의 수를 세어서
각각 수를 적어 봐. 그중에서
가장 큰 수를 찾을 수 있니?

칭찬 스티커를
붙이세요.

문제를 다 푼 다음, 32쪽으로!

11~15 수의 순서 알기

 어항 속 물고기가 수의 순서대로 있어요.
순서에 알맞게 ◻ 안에 수를 쓰세요.

11부터 15까지
순서대로 수를 세어 보자.
11, 12, 13, 14, 15.

 두 수 중에서 더 큰 수에 ◯표 하세요.

13과 15 중에서
13이 더 작은 수,
15가 더 큰 수야.

두 수 중에서 더 작은 수에 ◯표 하세요.

 빈칸에 빠진 수를 쓰세요.

11	12		14	15
11	12	13	14	
11	12	13		15
11		13	14	15

 수 크기 비교 놀이

속이 보이지 않는 주머니 2개를 준비해요.
주머니 안에 각각 작은 구슬을 15개씩 넣어요. 둘이 짝이 되어 주머니 안에
차례로 손을 넣어서 구슬을 꺼내는 거예요. 꺼낸 구슬의 수를 각각 세어 보고,
누구의 구슬이 더 많은지, 적은지 알아봐요.

칭찬 스티커를
붙이세요.

문제를 다 푼 다음, 32쪽으로!

16~20 수 알기

 손가락으로 숫자를 따라 쓰세요.

빨간 점에 손가락을 대고, 화살표 방향으로 그어서 숫자를 써 봐.

16

17

18

19

20

 16부터 20까지 화살표 방향대로 숫자를 따라 쓰세요.

숫자를 보고, 같은 수를 나타내는 그림을 찾아 점선을 따라 그리세요.

16

17

18

19

20

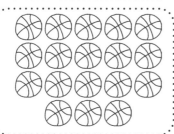

잘했어! →

각각 센 수를
그림 옆에 적어 두면
헷갈리지 않아.

칭찬 스티커를
붙이세요.

문제를 다 푼 다음, 32쪽으로!

11~20 수의 순서 알기

 수의 순서가 틀린 숫자를 모두 찾아 ◯표 하세요.

11   12   13   (15)   (14)

13   14   16   15   17

16   18   17   19   20

 수의 순서가 틀린 숫자를 모두 찾아 ◯표 하세요.

14   13   (11)   (12)   10

16   15   14   12   13

20   19   18   16   17

노래 부르듯 거꾸로 수 세기를 해 봐. 먼저 20부터 11까지 거꾸로 세기 해 볼까? 꿍꿍따 20, 꿍꿍따 19. 이어서 계속해 볼래?

칭찬 스티커를 붙이세요.

문제를 다 푼 다음, 32쪽으로!

11~20 수 세기

① ② ③ 동물의 수를 세어 ☐ 안에 쓰세요.

수를 셀 때 가끔씩
같은 것을 두 번씩 세기도 해.
실수하지 않으려면 이미 센 것에
동그라미를 하거나
선을 그어 봐.

과일의 수를 세어 ☐ 안에 쓰세요.

과일의 수를 셀 때
센 과일은 색연필로
선을 그어 표시해 봐.

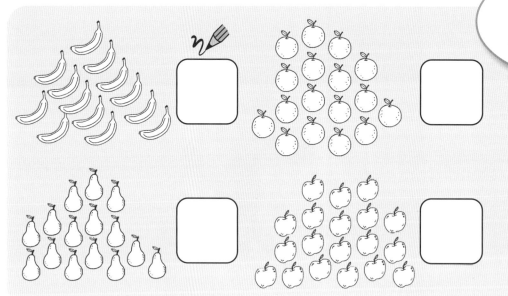

 통조림의 수를 세어 보고, 알맞은 수를 찾아 선으로 이으세요.

13 15 11 17 18 14 16 12

ΙΙ~20 수 크기 비교하기

 빈칸에 빠진 수를 쓰세요.

표를 보면서 16부터 20까지 순서대로 읽어 봐.

16	17	18		20
16		18	19	20
16	17		19	20
16	17	18	19	

★★ 두 수 중에서 더 큰 수에 ○표 하세요.

16 17   20 18

19 16   17 18

17은 16 다음에 오는 수야. 17은 16보다 1만큼 더 큰 수야.

★★ 두 수 중에서 더 작은 수에 ○표 하세요.

19 17   20 18

18 19   17 20

칭찬 스티커를 붙이세요.

29

문제를 다 푼 다음, 32쪽으로!

1~20 숫자 쓰기

 1부터 5까지 숫자를 따라 쓰세요.

 ☐ 안에 숫자를 쓰세요.

이제 1부터 20까지
숫자 쓰기 잘할 수 있지?

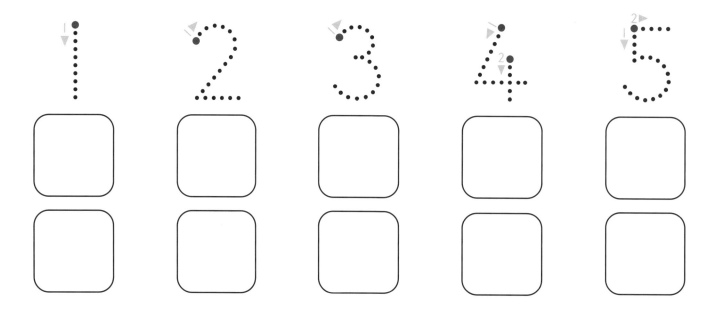

 6부터 10까지 숫자를 따라 쓰세요.

 ☐ 안에 숫자를 쓰세요.

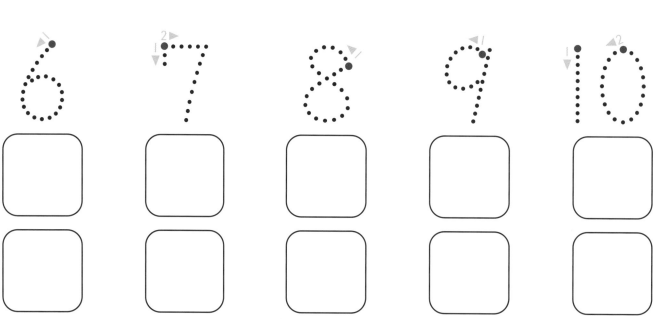

11부터 **20**까지 숫자를 따라 쓰세요.

 ☐ 안에 숫자를 쓰세요.

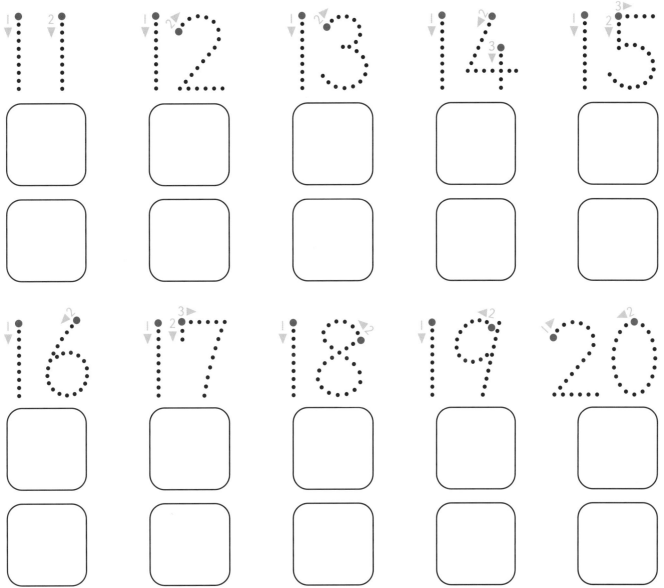

 숫자 이야기 만들기 놀이

1부터 20까지의 숫자 중 몇 개를 선택해서 숫자 이야기를 만들어 보세요.

예를 들어, 나는 친한 친구 5명과 동물원에 가고 싶어요.
동물원에 가려면 10번 버스를 타야 해요.
동물원에는 귀여운 아기 원숭이들이 12마리 있대요.
재미있는 상상력을 발휘하면 멋진 숫자 이야기를 만들 수 있을 거예요.

칭찬 스티커를 붙이세요.

문제를 다 푼 다음, 32쪽으로!

나의 실력 점검표

 얼굴에 색칠하세요.

쪽	나의 실력은?	스스로 점검해요!		
2	1부터 5까지 수를 읽고 따라 쓸 수 있어요.	😊	😐	🙁
3~5	1~3개의 물건을 셀 수 있고, 같은 수만큼 물건을 그릴 수 있어요.	😊	😐	🙁
6~9	1~5개의 물건을 셀 수 있고, 1부터 5까지 수의 순서를 알아요.	😊	😐	🙁
10~11	6부터 10까지 수를 읽고 따라 쓸 수 있어요.	😊	😐	🙁
12~15	6부터 10까지 수를 세고, 수의 순서를 알아요.	😊	😐	🙁
16~18	1부터 10까지의 두 수를 비교하여 더 큰 수와 더 작은 수를 말할 수 있어요.	😊	😐	🙁
19	1부터 10까지 수의 순서를 알고, 중간에 빠진 수를 찾을 수 있어요.	😊	😐	🙁
20~21	11부터 15까지 수를 읽고 따라 쓸 수 있어요.	😊	😐	🙁
22~23	11부터 15까지 수의 순서를 알고, 중간에 빠진 수를 찾을 수 있어요.	😊	😐	🙁
24~25	16부터 20까지 수를 읽고 따라 쓸 수 있어요.	😊	😐	🙁
26	11부터 20까지 수의 순서를 알고, 순서에 맞지 않는 수를 찾을 수 있어요.	😊	😐	🙁
27~29	11부터 20까지 수를 세고, 중간에 빠진 수를 찾을 수 있어요.	😊	😐	🙁
30~31	1부터 20까지 숫자를 쓸 수 있어요.	😊	😐	🙁

나와 함께 한 공부 어땠어?

정답

2~3쪽

4~5쪽

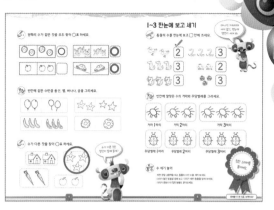

6~7쪽

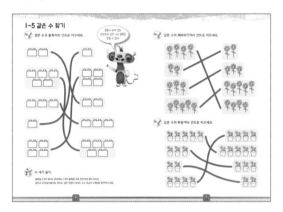

8~9쪽

10~11쪽

12~13쪽

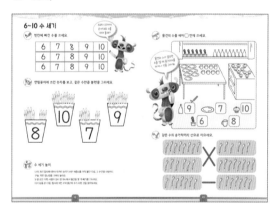

14~15쪽

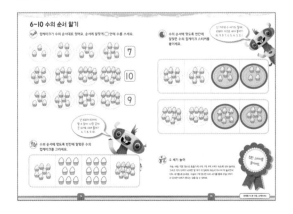

16~17쪽

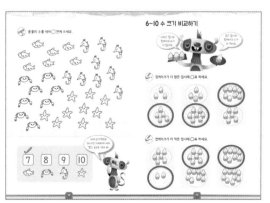

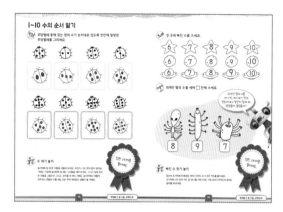

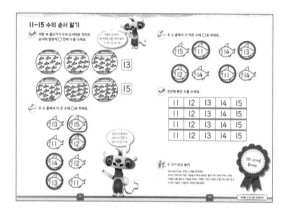

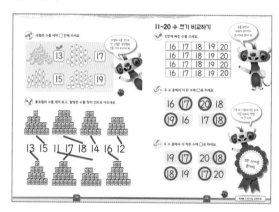

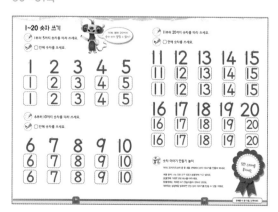

런런 옥스퍼드 수학

1-3 20까지 수 세기

초판 1쇄 발행 2022년 12월 6일
글·그림 옥스퍼드 대학교 출판부 **옮김** 상상오름
발행인 이재진 **편집장** 안경숙 **편집 관리** 윤정원 **편집 및 디자인** 상상오름
마케팅 정지운, 김미정, 신희용, 박현아, 박소현 **국제업무** 장민경, 오지나 **제작** 신홍섭
펴낸곳 (주)웅진씽크빅
주소 경기도 파주시 회동길 20 (우)10881
문의 031)956-7403(편집), 02)3670-1191, 031)956-7065, 7069(마케팅)
홈페이지 www.wjjunior.co.kr **블로그** wj_junior.blog.me **페이스북** facebook.com/wjbook
트위터 @wjbooks **인스타그램** @woongjin_junior
출판신고 1980년 3월 29일 제406-2007-00046호
원제 PROGRESS WITH OXFORD: MATH
한국어판 출판권 ©(주)웅진씽크빅, 2022 **제조국** 대한민국

ISBN 978-89-01-26513-1
ISBN 978-89-01-26510-0 (세트)

잘못 만들어진 책은 바꾸어 드립니다.
주의 1. 책 모서리가 날카로워 다칠 수 있으니 사람을 향해 던지거나 떨어뜨리지 마십시오.
　　　2. 보관 시 직사광선이나 습기 찬 곳은 피해 주십시오.